农村留守老人与儿童安全手册

主编　杨秦涛

山西出版传媒集团
山西科学技术出版社

目录 /contents

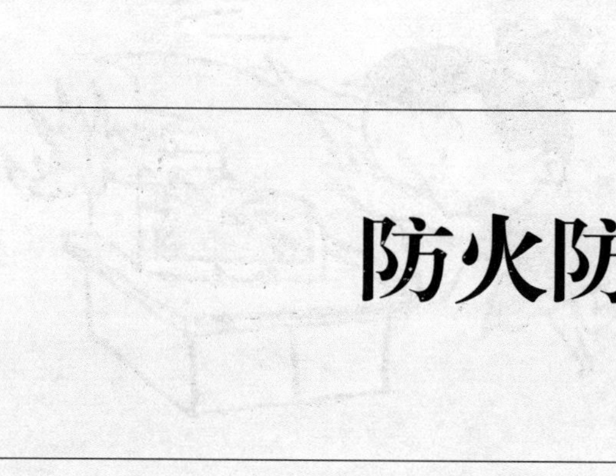

防火防溺

儿童篇

1

如何预防火灾

很多家庭的火灾事故都是由人为原因所造成的。特别是单独居家生活的中小学生，在家里更要注意预防火灾事故的发生。预防火灾主要是消除一切隐患的存在。下面介绍一下在家中应该怎样预防火灾。

方法 1

用过电器之后要及时切断电源，比如在看完电视或者是用完电脑以后一定要彻底关掉电源，把插头拔下来，在拔插头的时候要注意不能向外拽线，以免使电线与橡胶外壳分离而裸露。应该用手握着插头拔起。

温馨提示：可移动的插座最好竖立放置。

方法2

当晚上停电的时候，如果需要点蜡烛的话，记得一定要把蜡烛放在石制材质或者金属材质的物体上，比如地面或者是铁质包装盒之类的物体上，点燃的蜡烛附近还要注意不要有易燃的物品。

方法 3

使用手机充电器等物品要等到其完全冷却以后再进行存放，注意不要把刚使用过的手机充电器（温度过高）放在木质或者塑料制品等易燃的物体上。同理，一定要在吹风机、电热水壶等家用电器完全冷却之后再进行存放。

方法4

在过节的时候，有的地方会燃放烟花，虽然都是一些相对安全的小型烟花，但是记住一定不要在院内或室内燃放，要到户外指定的空旷场地上燃放。

方法5

有些中小学生已经可以自己做饭了，但是在使用天然气的时候一定要特别注意，在做好饭以后一定要关掉阀门。如果发现有天然气泄漏，要马上关紧阀门并打开门窗，千万不要立刻使用明火。

方法 6

在使用蚊香驱蚊子的时候要注意把蚊香放在没有易燃物品（如床单、窗帘等）的地方，不要放在床下。若在睡觉时候使用的话，一定把蚊香放在铁制容器里再摆在地上。

方法 7

在家里使用功率较高的电灯时，记住灯泡要远离易燃物，不要有书本、窗帘等易燃的物品，因为功率较高的灯泡经过长时间使用表面的温度会很高，甚至可以达到一些易燃物品的着火点。

如何预防溺水

夏天有很多学生都喜欢去游泳。那么，要怎么预防溺水事故的发生呢？下面为大家整理了预防溺水事故发生的安全知识，供大家参考。

预防溺水安全知识

1. 中小学生应在家长（或成年人）的带领下游泳，不能擅自去水库、池塘、河渠等地方游泳。

2. 不要独自在河边、池塘、水库边玩耍。

3. 不能去非游泳区或禁止游泳的地方游泳。

4. 不要游到深水区，即使带着救生圈也不一定安全。

5. 游泳前要做适当的准备活动，以防在水中抽筋。

6. 钓鱼时不要蹲在水边。水边的泥土、沙石由于长期被水浸泡，会变得很松散，有些水边的泥土长期被水浸泡还长了一层苔藓，一踩上去就会滑入水中，即使不滑入水中也有摔伤的危险。

7. 在公园划船或乘坐船时必须要坐好，不要在船上乱跑或在船边洗手、洗脚，尤其是乘坐小船时不要摇晃，也不能超重，以免小船侧翻。

一旦遇到特殊情况，一定要保持镇静，不能轻率跳水。如果出现有人溺水，也不要贸然下水营救。

8. 遇到大风、大雨、大浪或雾太大的天气，不

要去水边玩。

9. 如果不幸溺水，当有人来救助的时候，应该让身体放松、让救助的人托住自己的腰部。

10. 当自己心爱的东西掉入水中时，不要急着去捞。

溺水时的自救方法

1. 不要慌张，若周围有人时立即呼救。

2. 放松全身，尽量让身体漂浮在水面上，将头部浮出水面，等待救援。

3. 当身体下沉时，可将手掌向下压。

4. 如果在水中突然抽筋，又无法靠岸时，应立即求救。如周围无人，可深吸一口气潜入水中，伸直抽筋的那条腿，用手将脚趾向上扳，以缓解抽筋。

水中抽筋自救法：

抽筋的主要部位是小腿和大腿，有时手指、脚趾及胃部等部位也会出现抽筋。抽筋的原因主要是在下水前没有做准备活动或准备活动不充分，身体各器官及肌肉组织没活动开，下水后突然做剧烈运动，或因凉水刺激肌肉突然收缩而出现抽筋。游泳时间长，过分疲劳及体力消耗过多，在身体大量散热或精神紧张，游泳动作不协调等情况下也会出现抽筋。

（1）若是手指抽筋，则可将手握成拳，然后用力张开，迅速、反复地多做几次，直到抽筋消除为止。

（2）若是大腿抽筋的话，可同样采用伸展抽筋肌肉的办法缓解。

（3）若是小腿或脚趾抽筋，先吸一口气仰浮在水上，用抽筋肢体对侧的手握住抽筋肢体的脚趾，并用力向身体一侧拉，同时用同侧的手掌压在抽筋肢体的膝盖上，帮助抽筋腿伸直。

发现有人溺水时的救护方法

方法一：可将救生圈、竹竿、木板等物抛给溺水者，再将其拖至岸边。

方法二：若没有救护器材，会游泳者也可入水直接施救。接近溺水者时要转动他的髋骨，使其背向自己，然后再进行拖运。拖运时通常采用侧泳或仰泳拖运法。特别强调：未成年人若发现有人溺水，不能贸然下水实施营救，应立即大声呼救或利用救生器材施救。

上岸后急救溺水者

1. 迅速清除溺水者口、鼻中的污泥、杂草及分泌物，保持呼吸道通畅。

2. 将溺水者举起，使其俯卧在救护者的肩上，腹部紧贴救护者肩部，头脚各朝一侧下垂，以使呼吸道内的积水自然流出。但不要因为呛水而耽误了进行心肺复苏的时间。

3. 进行人工呼吸及心脏按压。

4. 尽快联系急救中心或将溺水者送去医院。

急救自救 2

儿童篇

自我保护

一、异物入眼

任何细小的物体，哪怕是一粒沙子或是一滴洗涤剂进入眼中，都会引起眼部疼痛，甚至损伤眼角膜。

急救办法：首先要用力且频繁地眨眼，用泪水将异物冲刷出去。如果不奏效，就将眼皮翻起，然后在水龙头下用小水流冲洗眼睛。

绝对禁止：不能揉眼睛，无论多么细小的异物都会划伤眼角膜并导致感染。如果异物进入眼部较深的位置，务必要立即就医，请医生来处理。

专业救治：如果是腐蚀性液体溅入眼中，必须马上去医院进行诊治；倘若经过自我处理后眼部仍旧不适，出现灼烧、水肿或是视力模糊的情况，还需要请医生借助专业仪器来治疗。

二、扭伤

当关节周围的韧带被拉伸得过于严重，超出了其所能承受的程度，就会发生扭伤，扭伤通常还伴随着皮肤发紫与水肿。

急救办法：在扭伤发生的 24 小时之内，尽量做到每隔两个小时用冰袋冷敷一次，每次半小时。将受伤处

用弹性压缩绷带包好，并将受伤部位垫高。24 小时之后，开始给患处换为热敷，促进受伤部位的血液流通。

绝对禁止：不能随意活动受伤的关节，否则容易造成韧带撕裂，恢复起来相对比较困难。

专业救治：如果经过几日的自我治疗和休息之后，患处仍旧疼痛且行动不便，那么有可能是骨折、肌肉拉伤或者韧带断裂，需要立即到医院就医。

三、流鼻血

鼻子流血是由于鼻腔中的血管破裂造成的，鼻部的血管都很脆弱，因此流鼻血也是比较常见的意外伤害。

急救办法：身体微微向前倾，并用手指捏住鼻梁下方的软骨部位，持续约 5 ～ 15 分钟。

如果有条件的话，放一个小冰袋在鼻梁上也有迅速止血的效果。

绝对禁止：用力将头向后仰的姿势会使鼻血流进口中，慌乱中还可能会有一部分血液被吸进肺里，这样做既不安全也不卫生。

专业救治：如果鼻血持续流 20 分钟以上仍旧止不住的话，患者应该马上去医院求助于医生。如果流鼻血的次数过于频繁或是伴随着头疼、耳鸣、视力下降以及眩晕等其他症状，那么务必去医院诊治，因为这有可能是大脑因受到了重创引起了“脑震荡”。

四、烫伤

这里所说的烫伤是指由无火焰的高温物质所造成的组织损伤。

急救办法：一旦发生烫伤后，立即将被烫部位放置在流动的凉水下冲洗或是用湿毛巾冷敷，如果烫伤面积较大，伤者应该将整个身体浸泡在放满冷水的浴缸中。可以将纱布或是绷带轻轻地缠绕在烫伤处以保护伤口。

绝对禁止：不能采用冰敷的方式治疗烫伤，冰会损伤已经破损的皮肤，导致伤口恶化。不要弄破水泡，否则会留下疤痕；也不要随便将抗生素药膏涂抹在伤口处，这些黏性的物质很容易沾染脏东西，导致感染。

专业救治：重度烫伤、触电灼伤以及被化学品烧伤务必要到医院就医。另外，如果病人出现咳嗽、眼睛流泪或者呼吸困难，则需要专业医生的帮助。烫伤如果面积大于手掌的话，患者也应去医院就医，专业的处理方式可以避免留下疤痕。

五、窒息

真正的窒息在现实生活中很少发生，喝水呛到或是被食物噎到一般都不算是窒息。窒息发生时，患者不会强烈咳嗽或不能说话，脸会在短时间内变成红色或青紫色。

急救办法：首先要迅速叫救护车。在等待救护车的同时，需要采取以下措施：让患者身体向前倾，用手掌用力拍患者背后两肩中间的位置。如果不奏效，那么需要站在患者身后，用拳头抵住患者的腹部和背部，用另一只手握住抵患者的拳头，上下用力推进、推出五六次，帮助患者呼吸。患者也可以采取这样的自救措施：将自己的腹部抵在一个硬质的物体上（如厨房灶台、餐桌），然后用力挤压腹部，把卡在喉咙里的东西喷出来。

绝对禁止：不要给正在咳嗽的患者喂水或是其他食物。

专业救治：只要出现窒息，都应迅速叫救护车抢救患者。

六、中毒

发生在家庭中的中毒一般是误食洗涤用品，吸入一氧化碳或是摄入杀虫剂。

急救办法：如果患者已经神志不清或是呼吸困难，应迅速呼叫救护车，并准备好回答如下问题：摄入（或吸入）什么物质，摄入（或吸入）量是多少，患者的年龄、体重以及中毒时间。

绝对禁止：直到症状出现才叫救护车往往会延误治疗时间。在等待救助的过程中，不要给患者吃任何东西，也不要企图帮助患者“催吐”，因为有些有毒物质在被吐出来的过程中可能会伤害到患者的其他器官。

专业救治：只要中毒发生，都需要迅速叫救护车抢救患者。

七、头部“遇袭”

头骨本身非常坚硬，所以一般的外力很少会造成头骨损伤。倘若外力过大，则头部、颈部的毛细血管就成了“牺牲品”。

急救办法：如果头上起了个包，用冰袋敷患处可以减轻水肿；如果被砸伤后头部开始流血，应用干净毛巾按压伤口止血，然后去医院缝合伤口，并检查是否有颅内损伤；如果被砸伤者昏厥，那么需要叫救护车快速送患者到医院，不能耽搁过多时间。

绝对禁止：不要让伤者一个人入睡。在被砸伤的 24 小时之内，一定要有人陪伴伤者，如果伤者入睡，那么每隔一段时间就要叫醒伤者一次，并让伤者回答几个简单问题，以确保伤者没有昏迷。

专业救治：当伤者出现惊厥、头晕、呕吐、恶心或行为有明显异常时，需要马上就医。

八、炸伤

1. 如果溅落物不慎进入眼睛，不要去揉擦或随意冲洗，可滴入适量消炎眼药水，平躺，拨打 120 或赶快送到有条件的医院。

2. 如果手部或足部被鞭炮等炸伤流血，应迅速用手卡住出血部位的上方，如有云南白药或三七粉，可以喷洒止血。如果出血不止，则应用橡皮带或粗布扎住出血部位的上方，紧急送往医院救治。注意：“捆扎带”每15分钟要解开放松一下，以免患部因缺血而坏死。

九、手指割伤

1. 如果出血较少且伤势并不严重，可在清洗之后，以创可贴覆于伤口。不主张在伤口上涂抹红药水或止血粉之类的药物，只要保持伤口干净即可。

2. 若伤口大且出血不止，应先止住流血，然后立刻赶往医院。具体的止血方法是：用干净纱布包扎伤口处，捏住手指根部两侧并且高举过心脏，因为此处的血管是分布在左右两侧的，采取这种手势能有效止住出血。使用橡皮止血带效果会更好，但要注意，每隔 20 ~ 30 分钟必须将止血带放松几分钟，否则容易引起手指缺血坏死。

十、烧伤处理

1. 若烧伤处皮肤尚完整，应尽快在局部降温，可将其置于水龙头下冲洗约 10 分钟。这样会带走局部组织的热量并减少损害。

2. 用一块松软、潮湿、已消毒的毛巾包扎伤处，注意不要扎太紧。

3. 若皮肤已被烧坏，用一块干净的毛巾覆盖以保护伤处，避免感染。

十一、胃穿孔

急救办法： 朝左侧卧。

典型症状： 胃溃疡患者，突然发生无法忍受的剧烈腹痛，且腹部发硬、发胀，极有可能是突发胃穿孔。

在情绪波动或暴饮暴食之后，胃溃疡患者很容易并发胃穿孔，一旦发生上述症状，应立即考虑到胃穿孔的可能。在救护车到达之前，应做到以下几点：

不要捂着肚子乱打滚儿，应朝左侧卧于床。因为穿孔部位大多位于胃部右侧，朝左卧能有效防止胃酸和食物进一步流向腹腔以致病情加剧。

十二、鱼刺卡喉

实行腹部挤压。如患者无法站立，将其平放在坚固的地面上，跨坐在患者腿上进行腹部推挤，看是否能将异物咳出。

十三、木刺

处理木刺时要注意有无木刺残留在伤口里，由于木刺残留就有可能使伤口化脓，被刺伤的伤口往往又深又窄，易被破伤风细菌等侵入繁殖和感染，故必须取出异物，消除隐患。

手指被扎进木刺后，如果确实已将木刺完整拔出，可再轻轻挤压伤口，把伤口内的淤血挤出来，避免伤口感染。然后，用碘酒在伤口的周围进行一次消毒，再用酒精涂擦两次，用消毒纱布包扎好。如果伤口内留有木刺，在伤口周围进行消毒后，可用经过火烧或酒精涂擦过的镊子设法将木刺完整地拔出来。如果木刺外露部分很短，镊子无法夹住时，可用已消毒的针挑开伤口周围的表皮，适当扩大伤口，使木刺尽量外露，然后用镊子夹住木刺轻轻向外拔出，将伤口再消毒一遍后用干净纱布包扎好。

十四、指甲受伤

1. 指甲被挤掉时，最重要的是防止细菌感染。应急处理时，先把挤掉指甲的手指用纱布或绷带包扎固定，再用冰袋冷敷，然后把受伤的一侧手臂抬高，立即去医院。

2. 指甲缝破裂出血，可用温开水溶解少量食盐，搅匀，每天抹几次，可杀菌消炎。

救助他人

一、脑出血

典型症状：有高血压病史的人，由于气温骤降或情绪激动，突然发生口齿不清甚至昏迷的症状。

救助措施：

1. 家属要克制情感，切勿为了弄醒病人而大声叫喊或猛烈摇动昏迷者，否则只会使病情迅速恶化。

2. 将病人平卧于床，由于脑部血压升高，此类患者极易发生喷射性呕吐，如不及时清除呕吐物，可能导致患者因呕吐物堵塞气道而窒息。因此，病人的头必须转向一侧，这样呕吐物就能流出口腔。

二、失血性休克

典型症状： 因意外事故而导致大量失血，血压几乎为零。

1. 对于休克病人一定要注意，在用担架将其抬往救治处时，病人的头部应靠近后面的抬担架者，这样便于对休克者随时密切观察，以应对病情恶化。

2. 在将病人送往医院的途中，病人头部的朝向应与载他的交通工具（救护车等）前进的方向相反，以免由于加速作用导致病人脑部进一步失血。

三、煤气中毒

轻度中毒时，病人会感到头晕、乏力、恶心，伴有呕吐、面色苍白等症状。中毒严重时，病人会出现呼吸困难、抽搐、昏迷。急救方法是立即打开门窗，把病人转移到空气流通处，解开病人的衣扣使其呼吸通畅，注意保暖，以防病人受凉形成肺炎。第一时间拨打 120，等待医院急救，或迅速将病人送往医院抢救。

食品安全 3

儿童篇

食品安全事关人民群众的生命健康，那么你对食物中毒了解多少呢？以下是关于预防食物中毒安全知识的内容，供大家参考学习。

常见的食物中毒有哪些

细菌性食物中毒：人们食用被细菌或细菌毒素污染的食品而引起的食物中毒。常见的有沙门氏菌食物中毒、金黄色葡萄球菌食物中毒、副溶血性弧菌食物中毒等。

化学性食物中毒：人们食用被有毒有害物质污染的食品而引起的食物中毒。常见的有“瘦肉精”食物中毒、有机磷农药食物中毒、亚硝酸盐食物中毒等。

有毒动植物中毒：人们食用了一些含有某种有毒成分的动植物而引起的食物中毒。常见的有河豚中毒、四季豆中毒、豆浆中毒、发芽马铃薯中毒、毒蘑菇中毒等。

怎样预防食物中毒

1. 养成良好的卫生习惯，饭前便后要洗手。不良的个人卫生习惯会把致病菌从人体带到食物上去，当食物被食用，则引起食物中毒。比如说，手上沾有致病菌，再去拿食物，被污染了的食物就会进入消化道，引发细菌性食物中毒，从而引起腹泻。

2. 选择新鲜和安全的食品。购买食品时，要注意查看其外观性状是否腐败变质。尤其是小食品，不要只看其花花绿绿的外表，要查看其生产日期、保质期，是否有厂名、厂址、生产许可证号等；不能买过期食品或没有厂名、厂址的产品。

3. 在食用食品前要彻底清洁。生吃的瓜果要洗净，瓜果、蔬菜在生长过程中不仅会沾染病菌、病毒、寄生虫卵，还有残留的农药、杀虫剂等，如果不清洗干净，极易引发食物中毒。

4. 尽量不吃剩饭、剩菜。如需食用，应彻底加热。剩饭、剩菜、剩的甜点、牛奶等都是细菌的天然培养基，若不彻底加热就食用，会引起细菌性食物中毒。

5. 不吃霉变的粮食、水果、花生（有霉点或霉斑），其中的霉菌毒素会引起中毒。

6. 避免误食有毒、有害物质引起中毒。装有消毒剂、杀虫剂或毒鼠药的容器用后一定要妥善处理，防止因误用其喝水而引起中毒。

7. 饮用符合卫生要求的饮用水。不喝生水或不洁净的水，最好把水煮沸后再饮用。

8. 提倡体育锻炼，增强机体免疫力，抵御细菌的侵袭。

9. 要注意食用彻底加热的食品，特别是肉、奶、蛋及其制品，四季豆、豆浆等应烧熟。

10. 不光顾无卫生许可证或营业执照的流动摊点和卫生条件差的餐饮店，特别是路边摆摊商家，不食用街头巷尾的“三无”产品。

在商店购买食品、饮料，要特别注意生产日期和保质期，不购买、不食用过期食品。

食物中毒的处理

1. 立即停止供应、食用可疑中毒的食物。

2. 采用指压咽部等紧急催吐方法，尽快排出有毒食物。

3. 尽快将病人送往附近医院救治。

4. 马上向当地的卫生监督所或疾病预防控制中心报告，同时注意保护好中毒现场，就地收集和封存可疑食品及其原料。

5. 配合卫生部门调查，落实卫生部门要求采取的各项措施。

生活中的做法

◆食用经过检测的合格产品或有机农产品。

农产品为我们提供了大量人体所需的能量和营养，是人类每天必不可少的食物来源之一。

在食用食品时我们可以做到的：

1. 生吃的蔬菜和水果要洗干净后再吃，以免造成农药中毒。

2. 不吃无卫生保障的食品，避免细菌性食物中毒。

3. 少吃油炸、烟熏、烧烤的食品（这类食品如制作不当会产生有毒物质）。

4. 多喝白开水，白开水是最好的“饮料”；一些饮料含有防腐剂、色素等，经常饮用不利于身体健康。

◆不光顾“无证”的小商贩。

在流动人口较多的地方，经常会看见不少无证经营的小商贩，尤其在学校附近，对于这种情况，我们必须做到：

1. 到正规商店里购买食品，不买校园周边、街头巷尾的“三无”食品。

2. 购买正规厂家生产的食品，尽量选择信誉度较好的品牌。

3. 仔细查看产品标签。食品标签中应标注：产品名称、配料表、净含量、厂名、厂址、生产日期、保质期、产品标准号等。不买标签不规范的产品。

◆少使用塑料制品。

现在我们使用的塑料包装袋等包装物，大部分是用不可降解的聚乙烯生产的，这些包装物长时间放置就用会释放一些有害的物质到食品中，食用这些被污染的食品后会危害身体健康；将加热后温度较高的食物放入其中，有害物质会更多地黏附在食品上。我们每天尽量做到：

1. 尽量使用环保袋。

2. 不使用不可降解的快餐盒。

3. 不随手乱扔塑料包装物。

4. 尽量购买用纸质包装的食品。

5. 购买塑料瓶饮料时要看瓶底安全标签，尽量使用自己的水壶。

远离欺凌 4

儿童篇

远离暴力

校园暴力是当前中小学生人际交往中矛盾的一个极端表现，对社会来说是一种双重伤害。

一、校园暴力的表现

1. 打架斗殴

打架斗殴是校园里最常见的暴力行为，通常是一些品德较差的高年级同学，自以为处于强势，就以大欺小、恃强凌弱，欺负或殴打校内外的学生。除此之外，生活

中也有两帮学生之间互相纠集打架斗殴的现象。这种暴力行为严重破坏了学校的正常秩序，给学校以及社会都带来了不好的影响，对学生的身心健康造成伤害，其危害性是显而易见的。

一般来说，中小学生打架斗殴的发生时间有规律性，较多发生在放学时、期末考试放假前、秋季刚开学时、课外活动时或节假日等。

2. 勒索钱财

一直较为多发且严重的校园暴力现象往往发生在中小学校门口或附近，通常是高年级学生向低年级学生勒

索财物，以暴力相威胁，逼迫低年级学生交出财物，并威胁其不许告知家长或老师。此类事件不仅摧残了低年级学生的心灵，影响他们的学习生活，也给很多家长造成了心理阴影，担心孩子被欺负，为孩子在上下学期间担惊受怕。

3. 毁坏财物

有的学生由于学习压力大，且处在情绪易躁动的年

龄，心中常有不满、怨恨等情绪，经常通过毁坏物品等方式来宣泄不良情绪。我们有时会看到被学生破坏的桌椅、墙壁、门窗等，其中一部分就是有的学生实施暴力的结果。这种攻击行为的目标会由物转向人。

4. 心理障碍

中小学生的攻击行为还有一种特殊的情况，这就是由于其精神障碍所引起的攻击性行为，主要原因是中小学生在意识障碍、妄想幻觉、情绪激动等异常心理的支配下，与他人发生冲突，引起攻击性行为。

校园暴力产生原因

1. 家庭因素是根源

校园暴力的施暴者大多生活在不幸的家庭，他们大多受到极度贫困、父母离异、缺乏关爱甚至家庭暴力等负面的刺激。家庭生活的不和谐容易使孩子缺乏安全感，尤其是留守儿童，由于长期处于无人关心的状态，很容易形成“攻击性人格”。为此，他们往往采用暴力恃强凌弱，一方面释放压抑感，获取心理上的补偿，另一方面也借此“立威”，获得别人的关注。

2. 其他原因

学习压力大、精神空虚、不良影视传播等都可能引发校园暴力的发生。

校园暴力的危害

1. 施暴者

施暴者给他人带来伤害后要承担赔偿费用，受到学校严肃处理，甚至无法正常完成学业。这些孩子辍学后很难在社会中得到认可，很多人最终走上犯罪的道路。

2. 受害者

受害者的身体受到伤害甚至残疾，易造成性格懦弱、心理自卑，缺乏信心和勇气，出现心理阴影，导致其厌学甚至辍学。

如何面对校园暴力

1. 勇敢抗争。在遇到勒索、敲诈和殴打时不害怕，要勇于抗争。因为这些施暴者和大多受害者是同龄人，他们对施暴行为也是一种试探心理。如果此时在心理上被对方打败，那么这种妥协行为其实就是纵容了施暴者，从而助长了施暴者的气焰。

因此，有效防范校园暴力的重要原则就是勇敢，但是同时要注意应对方法，避免激发施暴者暴力升级，导致更严重的后果。

2. 及时报告。敲诈勒索与暴力行为是紧密联系的，我们在提倡与校园暴力斗争的前提下，也同时提醒大家与其斗争并不意味是逞一时之勇，否则可能造成不必要的伤害。

因此，在遇到校园暴力后要及时向学校、家长乃至公安机关报告，同时保留必要的证据，在第一时间让施暴者受到惩罚。

3. 搞好同学关系，慎重交友。强化自我保护意识，增强群体意识，鼓励多交品德好的朋友。好友之间要相互关心，对受到暴力侵害的朋友要多安慰，支持其通过合理方式解决问题，不宜煽动其以暴制暴，以免引发更严重的后果。

在教育方面，很多家长忽视了对孩子的性教育，导致孩子对性自我保护的知识缺乏，在遇到性侵害时不知所措。所以，留守儿童性侵害的问题我们要重视起来，在防范性侵害的问题上一定要对孩子进行教育和引导。那么家长如何对留守儿童进行性侵犯的防范教育，呵护他们的身心安全呢？据研究人员表示，正规的性教育应该从孩子出生开始，0–3 岁，主要是性别教育和卫生保健教育；4–9 岁，要开始进行性安全教育和基本的性生理知识普及教育；10 岁以后则应该进行异性交往教育，教会孩子科学看待和处理两性关系。

让孩子懂得什么是性侵害

要让孩子懂得防范性侵害，首先要让孩子懂得什么样的行为才是性侵害，这样孩子才会在遭遇性侵害的时候有准确判断。父母可以利用媒体报道的案件和信息，教会孩子辨别性侵害行为。以下是常见的对儿童的性侵害行为：

1. 把孩子带到一个相对封闭的场所，叫孩子脱下衣服或裤子，摸孩子的胸部或生殖器等部位。

2. 让孩子摸他的身体的某个地方(胸部、生殖器等)，或者让孩子看他的裸体或者隐私部位。

3. 带孩子看有很多成人裸体镜头的图片、电影或者视频。

4. 用他身体的某个部位（生殖器或者嘴巴等）接触孩子身体的隐私部位。

5. 在公交车、电影院等公共场所摸孩子身体隐私部位。

留守儿童被猥亵的原因

一、侵犯者心理有问题。猥亵儿童的案件，有偶然性的，也有长期性的。涉案的犯罪嫌疑人多数未婚、离婚、丧偶或与配偶异地生活，精神世界空虚，为了满足性欲和性刺激而走上犯罪的道路。

二、家长监管不力。调查显示，受害儿童的父母多为外来务工人员，因忙于生计，无心照看子女，疏于关

心，儿童独自在家或在父母所在工地附近玩耍，容易被人侵害。

留守儿童遭受性侵害的案件时有发生，很多孩子的自我保护能力很有限，根本不知道自己身体上隐私部位的重要性，这与缺失父母关怀有关。有些孩子已经遭受了性侵害，但由于不懂，也不敢向家长提，导致后果很严重。那么，如何教育自己的孩子远离性侵害呢？

1. 小背心、小短裤覆盖的地方不许别人摸。

在对孩子教育时的用语不必说隐私部位，因为孩子不懂这个词的含义，所以要用孩子懂得的说法。我们可以对照孩子的身体说：小背心、小短裤覆盖的地方不可以随便让别人看，更不可以让别人随便摸，这样的做法既直观又明确，孩子也能够按照所教的方法进行了解和学习。

2. 小秘密要告诉父母，不保守坏人的秘密。

在留守儿童遭受性侵害的案件中，侵犯者往往会利用“这是我们之间的小秘密”以防止孩子告诉家长，而孩子年龄小，有时候甚至不能分辨这是侵害自己的行为，很可能会听从侵犯者的话。如果平时就引导孩子有秘密要跟爸爸妈妈分享，孩子就会习惯将自己的经历，包括有人对他做一些不正常的举动以及自己反感的事情告诉爸爸妈妈。

3. 不喝陌生人的饮料，不吃陌生人的糖果。

有专业人士曾经研究用什么诱惑孩子比较有效呢？答案是孩子爱吃的糖果。这是大多数孩子的共同弱点，也是坏人的常用伎俩。作为父母或师长要让孩子学会对陌生人给的任何东西不为所动，不喝陌生人给的饮料，不吃陌生人给的糖果。同时，不要让陌生人轻易接触自己的食物、水杯。

防诈骗 5

老人篇

近年来，一些骗子针对老年人同情心强，对各种骗术防患意识差，容易上当等特点，常常对老年人进行诈骗。为了提高老年人的防骗意识，保护老年人的财产不受损失，下面介绍几条防骗常识。

几种常见骗术

骗术分析

骗术 1

以治病消灾为名的诈骗。此类诈骗多是团伙作案，利用老年人独自一人在家之机，一人进行搭讪，谎称寻找有名的“神医”或算命先生，另一人声称可以找到，并邀请老人同去，在去的路上开始了解老人的家庭和身体状况并用电话通知同伙，随后遇到的神医会针对老人的情况说老人家中有灾祸，并告诉老人拿出家中所有财物进行一天的供奉（一天后还给老人）即可消灾并且要求老人这一天内不能告诉其他人，否则会不灵验。事后违法分子趁老人不备取走钱财。因此，大家遇到陌生人不要听信其花言巧语，不可随其去看所谓的神医，对此类事件要控制自己的好奇心，若感觉事情蹊跷，可及时拨打 110

求助。

骗术 2

以急需用钱为借口，低价兑换外币或低价卖出名贵字画、古董、药材（或高科技产品）等，让老人先垫资挣差价。此类诈骗的主要形式是：一人称急需用钱，愿以低价兑换外币或低价卖出名贵字画、古董、药材（或高科技产品）等，如果老人不愿购买，此时会有人提出想要购买并说银行或专业机构有熟人可以鉴定其价值，并邀老人一起去，到银行或专业鉴定机构会有人假扮成职员在门口等候，去里面稍等一会儿以后称外币是真的，此人会称想买但随身所带钱不够，会让老人先垫一部分资金，之后将所挣的差价分给老人。

骗术 3

以“电话欠费”为名的转账诈骗案。这类诈骗电话都是从接到“电信局”的“欠费通知电话”开始，嫌疑人在通话过程中套取当事人的姓名、存款方式等重要信息，随后又以当事人与“电话捆绑的银行卡”涉嫌参与洗钱为由实施诈骗。

骗术 4

推销假冒的医疗器械、治疗仪、保健食品等。老年人应注意：除了在正规的药店里，其他人推销的药品、保健品一律不要，而且不要参加所谓的听课活动，不要贪图小便宜，以免上当。

骗术 5

短信诈骗。不法分子利用群发器给某一个号码段的手机用户群发短信，编造用户中奖、购车退税等虚假信息实施诈骗。

骗术 6

直接拨打电话编造事故对老年人进行诈骗。犯罪分子打电话给老年人冒充其朋友或让老年人猜其是谁，在赢得老年人的信任后，假称其在外地违法犯罪受到处罚或发生交通事故，请求老人汇款以达到实施诈骗的目的。

骗术 7

利用网络虚拟电话诈骗。犯罪分子利用网络电话，尤其是利用“改号软件”技术将来电显示成金融、电信、政法机关等部门或事主的亲戚朋友的电话号码，骗取老年人的信任后，以对方电话欠费、身份资料被人盗用、银行账户涉嫌犯罪为由，诱骗老年人将存款转入所谓的“安全”账户内实施诈骗。

骗术 8

以调试、安装高科技设备为由进行诈骗。例如，有人以电信公司的名义推销假设备，称只要存入一定金额的话费，即可免费打长途等优惠；还有的声称在自来水管上装纳米净水器等进行诈骗活动。

防范的根本是消除老人的孤独感

第一，要保障老年人的和谐婚姻，老年人夫妻双方既互为对方的生活依靠，又是精神支柱，良好的夫妻关系是老年人幸福生活的保障。

第二，培养广泛的业余爱好，参加体育锻炼、文化娱乐活动，有助于消除老年人的心理孤独感。

第三，保持一定的社会交往，经常参加社会公益性活动。

第四，政府部门、村委会等要大力倡导尊老、爱老和组织老年人自我防范的教育活动。

第五，儿女们要经常回家（或与老人常通电话），要和老年人经常交流沟通，切勿漠视或反感老年人的唠叨，对老年人应该多一些理解和关心。

第六，儿女们定期陪伴老年人到医院体检或到心理咨询部门进行心理检测。

第七，儿女们要正视老年人的再婚问题，老年人虽吃穿不愁，但并不代表他们生活得幸福，不要一味地反对老年人再婚。

老年人不要轻易相信陌生人

老年人应注意尽量不要与陌生人说话，不要轻易相信对方的承诺，不要透露自己的家庭状况。遇到陌生人的邀请一定要学会拒绝，不要贸然单独赴约，出行最好有子女或朋友相伴。

防骗技巧

1. 老年人上街或外出散步，如突然有人自称是您家人的熟人，主动与您握手、拥抱时，您应留意您的金银首饰或其他财物，防范被窃取、抢走。

2. 在自己家或在路上，遇到有陌生人敲门或打招呼，并极力向您讨好或求救时，您千万不可轻信或让其进家门，这可能是陷阱的第一步，接下来陌生人便可能使用花言巧语欺骗您，最终骗取您的钱财。

3. 若有人到您家出售物品或求助时，您一定要谨慎，以防被假象迷惑进而被侵财。

4. 自己的身份证、户口簿、房产证或其他证件应妥善保管，不可转借他人，否则将可能有意想不到的麻烦或损失。

5. 当有人向您出售金银财宝或文物、古董时，一定要警惕，谨防花巨款买到一文不值的破铜烂铁。

6. 无意中突然发现地上有贵重财物，同时又有人要与您平分时，一定要头脑清醒，也许这正是骗子设的圈套。

7. 当您带有钱财准备购物或看病时，不要与陌生人搭腔，也许他将以有生意要合作，以高额回报为诱饵把您骗至人烟稀少的地方，然后再与同伙配合，实施抢、骗或盗取您的钱财。

8. 从银行或邮局支取现金时，一定要谨慎，防止有人窥视。如有人提示您的钱掉地上了，一定要警惕，防止银行卡或钞票被人调包；取钱后，若有陌生人主动跟您搭话，应及时脱身或报警求助。

9. 一旦有人向您出售残币、错版币、外币时，不可轻信，否则会因发财心切而上当受骗。

10. 如有人摆地摊卖药，周围又有人称效果不错，您要当心了，这有可能是坏人在“组团儿”诱骗您。

调节情绪 6

老人篇

一般来说，大多数人步入老年之后脾气都会趋于平缓，一些年轻时暴躁的人也会相对温和，但是也有一部分老年人情绪异常暴躁，这是为什么呢？下面我们就来分析一下。

老年人情绪易暴躁的原因

原因 1

精神方面的疾病是导致老年人脾气暴躁的常见原因之一，比如老年痴呆、抑郁等。这些疾病会使老年人思维变得迟缓、情绪不稳定以及意志活动衰退，这些老年人常常心神不宁、烦躁不安，非常容易因为一些微不足道的小事而引起情绪波动。

原因 2

不少老年人都有血糖偏高或者不稳定的情况，这也是导致情绪紊乱、喜怒无常的原因。

原因 3

锌元素是人体重要的元素之一，如果老年人体内缺乏锌的话会大大影响他们味觉的敏感度，使食欲降低，导致体内的营养成分摄入不均，从而引起老年人身体机能下降，性格变得喜怒无常。

除了缺乏锌元素，体内缺乏铁元素的话同样也会导致老年人易怒，特别是很多老年人有长期吃素的习惯，这样很容易造成体内缺少铁元素。当体内得不到充足的铁，老年人会产生精神萎靡、注意力涣散、情绪不稳定等情况，所以老年人一定要注意补充铁元素。

原因 4

步入老年后，大多数人因为退休、子女无法陪伴等原因，会感觉与社会脱节。生活环境的改变，会使他们的情绪受到刺激，这类老年人很多都有肌肉紧张、交感神经紊乱等症状，他们常常难以控制自己的情绪，整个人都显得异常神经质，严重时还会出现头晕、乏力。

原因 5

不少老年人都会摆出长者的姿态，感觉自己有着绝对的权威，他们在生活中常常都要维护自己的权威，并且不允许别人“挑战”他，所以一旦有人驳了他的面子或者冒犯了他，老年人就很容易大动肝火，乱发脾气。

一个人的情感世界是丰富多彩的。人在自己的一生中，总会有各种各样的情绪，有的是使人高兴、欣慰和愉快，有的则是招人烦恼、痛苦和失望。尤其是步入被看成是灰色时期的老年，触景生情的事更多，久而久之，会通过心理作用影响到身心健康。那么，哪些因素会影响老人的情绪变化？老人如何对待情绪的变化呢？

1. 老年人情绪的特点

情绪是由外界事物或人体内部健康情况的刺激作用，使人脑对客观现实做出反应，从而产生喜怒哀乐等不同的情感。进入老年，人的健康、容貌、社会地位等各方面都发生了极大的变化，在情绪、情感方面可表现出以下特点：

（1）老年人情绪体验的强度和持久性并不随年龄的增长而降低。由于经验的影响，人提高了对于熟悉事物的适应水平，但是老年人遇到激动的事情，仍然能像年轻人一样爆发出强烈的情绪，而且一旦被激发，就需要较长的时间才能恢复平静。

（2）老年人的情绪表现为复杂性。随着年龄的增长，知识经验的增多，老年人更容易看到事物的另一面（好事坏的一面和坏事好的一面），其情绪体验很少表现为纯粹肯定或否定，而是能够客观、冷静地分析事物。“得而不乐，失而不哀”常常是老年人情绪状态的表现。

（3）老年人的情绪表达方式较为含蓄，情绪体验不易外露。随着年龄的增长，老年人在性格方面往往有一个由外向到内向转移的倾向。老年人遇事，往往要考虑到事情的前因后果，照顾到方方面面，这在一定程度上缓冲了老年人活动的倾向性和表达方式，久而久之，逐渐形成了内向的性格，情绪表达日趋含蓄。

2. 影响老年人的情绪变化的因素

万物成熟、喜庆丰收的季节，也是秋风萧瑟、千树落叶、百花凋谢的季节。科学证实，“悲秋”确实是有原因的，且是多方面因素在人们情绪上的反应。

秋天或是秋雨潇潇、阴霾潮湿，或是寒气逼人、草木凋零、蛇虫蛰伏……老年人触景生情，不免会产生哀叹人生迟暮的悲伤心理。医学调查资料显示，深秋至冬季是一年中因病死亡和诱发精神疾病最多的时期。

老年人对温差刺激反应较慢。中秋前后特别是深秋时节，寒暖气流交替往来，气温骤升骤降，变幻莫测。为适应外界温差的剧变，人们可通过“行为调节温度”(如增减衣服等)的手段来调节。因神经系统功能的衰退，老年人对外界环境的反应灵敏度不高，使其采取“行为调节温度”的手段相对滞后，加之老年人血管老化所导致的血液流速慢、体液总量减少，使机体体温受外界干扰的程度较常人要严重得多，从而影响到老年人身心的协调，使其难以保持稳定的精神状态。

由此可见，“伤秋”是老年人对外界干扰做出的一种不良精神反应。为消除悲伤的凄凉情感，要积极培养乐观的情绪，以积极态度进行心理上的自我调节；秋冬季节还应多晒太阳；同时，起居要有规律，多进行户外体育锻炼，多与人交流，登高赏景，以使心胸开阔，把整个身心与自然融为一体，从而打破“伤秋”情结。

3. 心情不好会引起的疾病

生理学和心理学研究认为，应激状态可使人抵抗力降低，易患疾病。医学研究也证明，情绪在一些身体疾病中是重要原因；而人的疾病状态，反过来也可引起情绪变化，两者互为因果。

（1）不良情绪与癌症

大量研究表明，长期压抑和不满的情绪，诸如抑郁、悲哀、恐惧、愤怒等，都容易诱发癌症。配偶突然死亡或突然失去安全保障，也是癌症发生的诱因。

情绪与癌症的治疗效果和癌症的复发率也有着明显联系。愉快的情绪有利于癌症的治疗；悲观、绝望的情绪往往使癌症加剧。

（2）不良情绪与高血压病

血压对于情绪的变化是极为敏感的。情绪状态的改变可以引起血压和心率的变化。愤怒、仇恨、焦虑、恐惧、抑郁等情绪，可使血压升高。有人甚至认为，被抑制的不良情绪是血压升高的重要原因。我国心理学工作者根据长期对高血压患者的研究发现，如果处于长期而反复的过度紧张状态，或者在强烈的情绪激动状态下，更容易患高血压病。

（3）不良情绪与心脏病

心脏和血管对情绪反应最为敏感。反复而持续出现的不良情绪，是导致心血管疾病的主要因素。有焦虑、恐惧、愤怒、悲哀情绪的老年人，其冠心病的发病率或复发率较高。许多研究发现，高度焦虑者的心绞痛发病率为普通人的两倍。有焦虑、抑郁情绪的患者，心肌梗死的发病率也明显增高。愤怒、焦虑、惊恐以及其他情绪突变都容易导致猝死。许多冠心病患者就是在不良情绪的刺激下，导致心绞痛和心肌梗死发作。

4. 老年人对待情绪变化的做法

（1）对一切不要抱过高的期望值，不做非分之想。凡事要留一席心理空间，这样，对事情的结局更容易接受。

（2）对各种事情倾注热情，积极参与各项活动，那么埋在心头的阴霾就能驱散。当自己不悦时，将全部精力投入到丰富多彩的生活中，就会感到其乐无穷。

（3）保持和创造愉快的心境。树立乐观的态度，是克服消极情绪的法宝。每个人可以依据自己的情况，去设想和创造一个心情愉快的环境。情绪虽与外界因素有关，但人是可以控制情绪的。在困难面前不气馁，在委屈面前不怨人，知足者常乐。

（4）学会明智。要认识到世界上没有十全十美的人和事。事物总是相对的。苛求别人或过分要求自己，都是不理智的。把事情看开了，心胸就能开阔，情绪自然就能保持稳定。

（5）适当地赞美自己。不自卑，不自怜，不自责，以积极的态度称赞自己，这样会对你的心理产生积极的作用。

（6）在不利的环境面前，要学会疏导自己的消极情绪。可找几个知心朋友，发泄内心的苦闷和不满，合理宣泄有利于心结的解开与不良情绪的释放。

（7）主动参加一些户外的文娱活动。从电影、戏剧、书籍中领略美景风光，感受生活的欢乐，倾注自己的兴趣。这样可以缓解消极情绪。

5. 影响老年人健康的饮食因素

老年人的健康离不开日常的饮食保健。那么，你知道生活中哪些饮食因素会影响老年人的身心健康吗？

（1）不爱吃

老年人的味觉功能退化，经常没胃口，导致吃不下、吃饭不香。中国营养学会建议，老年人的能量摄入量以每日 6000 ~ 8000 千焦为宜，吃得太少就无法保证充足的营养。胃口不好的老年人，要增加锌的摄取，多吃瘦肉、鱼、蛋、豆制品、核桃等。味蕾对汤类食物比对固体食物敏感，可适当喝些菜汤，多吃鸡蛋羹等。饭菜的温度要适宜，味蕾敏感的最佳温度区间为 20℃ ~ 25℃。多进行室外锻炼和力所能及的劳动，增强饭前饥饿感，提高食欲。

（2）吃不动

老年人的牙齿松动，吃不了较硬的食物，进而保证不了营养的摄入。“吃不动”的老年人要从牙齿和食物两方面下手。首先，老年人的牙齿出现问题，要及时寻求医生的帮助，牙齿脱落要及时修补，不要抵触佩戴假牙。另外，老年人应多选择肉末、豆腐、蔬菜泥、果汁等易咀嚼、易消化的食物。

（3）营养失衡

许多老年人存在偏食的问题，要么吃肉多吃菜少，要么“养生过度”。如有的老年人认为吃粗粮好就顿顿吃粗粮等。其实，老年人每天食用约 85 克的全谷类食物即可起到预防慢性病的作用，所以合理的饮食应该是粗细搭配、肉菜均衡。其中，粗粮的比例不宜太高，并尽量在白天吃，以免影响消化。如果晚上吃粗粮，就要粗粮细做，比如熬粥喝，或与土豆、芹菜、番茄、苹果、等果蔬搭配。

突发疾病 7

老人篇

老年人常见突发疾病

1. 心绞痛

老年人由于劳累、气温突变或晚上看电视心情紧张等导致交感神经兴奋，冠状动脉收缩，以及夜间睡眠时静脉血液回流增加，导致心脏负荷加重。当心肌得不到充足的血液供应便会导致心肌暂时性缺血、缺氧而发生心绞痛。此时，家人应立即将老年人扶起，让其舌下含服速效救心丸，可稍有缓解。

2. 脑栓塞

老年人一般都有脑动脉硬化等疾病，有些人害怕夜间饮水使夜尿增多故而限制饮水，结果导致血液黏稠度增加，血液流速缓慢而发生脑栓塞。当老年人在夜间出现肢体麻木、口眼歪斜、肢体不能活动时应想到可能发生脑栓塞。这时，家人千万不要晃动老年人，否则有可能导致血栓脱落引发其他一些并发症。正确的处理方法是让老人保持安静，立即给予溶解血栓的药物。平时应遵医嘱小剂量服用阿司匹林，调整饮食结构，夜间睡觉前多饮水稀释血液，晚上起来时最好喝一杯温开水以降低血液的黏稠度。

3. 出血

首先应排除外伤出血的原因，可能导致急性内出血的原因主要是呼吸系统、消化道系统出现问题。如果老人大量咳血，说明肺部出现问题，如肺结核、支气管扩张等，出血多为鲜红色。患者应立即取“头低脚高”的俯卧姿势，家人立即抱起患者下身，使其臀部抬高 45 ～ 90 度，另一人将患者头部略向背部屈曲，轻拍其背部，以利于血块快速排出，以防窒息，并立即拨打 120 呼救。呕血多是由十二指肠、胃和食道引起的上消化道出血，血经口腔呕出，对此类病症也应分秒必争，及时送医院急诊，防止继续出血。

4. 骨折

老年人由于骨质疏松，很容易因跌倒或被物体冲撞而发生骨折。一旦骨折，千万不要活动已骨折的肢体，可用木板、拐杖等将骨折肢体固定好，固定物要长出骨折部位上下两个关节。之后及时送往医院。

老年人如何预防疾病发生

1. 延缓大脑功能衰退

运动可以改善老年人大脑的功能，延缓功能的衰退，起到预防老年痴呆的作用。特别是对于用脑较多的老年人，运动可以提高大脑的记忆能力，有助于休息和睡眠，同时减少大脑疲劳。

2. 提高心肺功能

运动可以提高呼吸和心血管机能，能预防和延缓老年人的呼吸和心血管疾病的发生。如跳广场舞、慢跑、爬山之类的有氧运动是提高心肺功能的良好方式。研究证明，心肺功能的强弱直接关系到寿命长短，老年人的心肺功能越高越长寿。

3. 延缓骨质疏松

运动可使老年人骨关节和肌肉系统能力提高，延缓骨质疏松及老年人特有的关节病变。俗话说“人老腿先老”，经常运动可提高肌肉力量，改善骨关节机能，是延缓衰老的一个重要方法。

4. 提高心理健康

运动可以提高心理健康，保持积极的情绪，消除精神压力和孤独感。心理学专家指出：心理适应，最主要的就是对于周围环境变化的适应。运动已经成为一个促进老年人心理适应能力的良好方法。

老年人日常生活中的保健

1. 按时喝水

口渴是机体提示体内缺水已较为严重的警示，这时再补充水已有些晚。据研究表明，有饮水习惯的人，患便秘、尿道结石症者明显少于不爱饮水的人。而且，按时喝水还对心肌梗死和中风等严重疾病有预防作用。因此，老年人动脉硬化、高血脂、血液黏稠、冠心病和中风病人更应该养成经常饮水的习惯。

2. 按时吃饭

有的老人不按时就餐，没有饥饿感就不吃饭。这种做法容易伤害胃，也会削弱人体的抗病能力。因为食物在胃内仅停留四至五小时，感到饥饿时，胃早已排空，胃黏膜在此时会对胃液进行“自我消化”，容易引起胃炎和胃溃疡。

3. 按时休息

生活中，很多人都是感觉累了才去休息，其实，这种做法并不正确。因为当人感到累的时候，疲乏已到了相当大的程度，这时休息需要较多的时间才能消除疲劳。过度的疲劳为疾病留下了隐患。正确的做法是工作一段时间就休息一会儿，注意劳逸结合。这样不仅会很快消除疲乏感，还能提高工作和学习的效率。

意外伤害 8

老人篇

跌 倒

跌倒是指突然摔倒在地上，以老年人最为常见，而且后果严重。跌倒最常见的损伤是髋骨骨折，由于愈合时间长以及手术后有特殊护理要求，如长期卧床和局部无法动弹会使老年人容易出现长疮、肺炎和泌尿系感染等并发症。有资料显示，老年人髋骨骨折后 3 个月的死亡率为 20%。有跌倒史的老年人还会因此产生巨大的心理创伤，主要表现为担心跌倒、自信心丧失，从而有意识地减少活动，且活动的依赖性增加等，容易造成恶性循环，导致肌肉萎缩，增加跌倒的危险。跌倒是老年人伤残、丧失运动能力和死亡的重要原因之一，严重影响老年人的生活质量和生活自理能力，给家庭和社会带来了巨大的负担。

内在因素：随着年龄的增长，老年人的肌肉协调能力减退，反应迟缓，应变能力减退；视觉、听觉功能减弱，不能对环境做出正确的判断，这是老年人跌倒的重要原因。使用某些药物（如镇静剂）、过度饮酒等均可使老年人产生眩晕感，降低身体的稳定性。各种病理性改变，如慢性关节炎、帕金森综合征等病症可降低机体的平衡性，从而引起跌倒。鞋子不合适，裤子或睡衣下摆过长，走路辅助器具使用不当等都有可能使老年人跌倒。

环境因素：约1/3的老年人跌倒与环境有关。室外跌倒常见于障碍物过多，夜间照明不足，路面不平坦或路面潮湿易于滑倒。室内跌倒常见于地毯花纹过于繁杂，影响感官判断，地毯滑动、卷边，地面光滑潮湿、不平坦或有障碍物；居室内家具稳定性差、摆放不合理或移动过于频繁；楼梯过于陡峭，厕所、浴室、走廊缺少扶手；夜间照明设备不足，光线昏暗或对比度太强，使老年人看不清路面的障碍物。

心理因素：部分老人因对自己的能力估计不足，不服老，或是因为担心增加他人的负担，不愿过多麻烦他人而勉强为之，因而导致跌倒现象的出现。

处 理

救助跌倒的老人时，施救者应将患者就地置于平卧姿势，观察生命体征和神志，询问老人的症状，做出正确判断。情况严重的应立即拨打急救电话。一般认为，在未搞清楚病因的情况下，切勿立即将老人扶起或随意搬动，防止加重病情。如低血压引起的跌倒，体位较低有可能会加重脑缺血的症状；对于骨质疏松且发生骨折的患者，若采用不恰当的搬运方式，有可能会加重损伤。

预 防

增强体育锻炼：经常参加运动锻炼的老年人跌倒的发生率较低。老年人长期坚持适当的体育运动，提升运动系统功能，增强肌肉的活动耐力和关节的灵活性，提高平衡和协调能力，可预防跌倒。

去除环境危险因素：创造安全的居家环境。在设计上尽量减少台阶和门槛，地面采用防滑材料，台阶有防滑踏板，地毯不要松弛或卷起，随时保持地面干燥、无杂物；浴室和楼梯、走廊过道应有扶手，有适宜的照明设备；家具摆放要适当，床和椅子的高度适宜，上下轮椅时应固定轮子；老年人所穿的鞋要大小合适，鞋底不

宜过厚，应粗糙防滑。行动不便的老人应配备适宜的“助步器”，并放置在固定的位置便于取用，视力不佳的老人应配备老花镜。

防止眩晕：指导老人在体位转换，如起床、蹲便或由坐姿转换成站立姿势时，动作应缓慢，防止由于低血压造成的眩晕跌倒。此外，在两个光线反差较大的区域间过渡时，一定要考虑到暗适应的问题可能会给老人带来潜在的危险。避免或慎重使用有可能引起跌倒的药物，必要时，应向患者交代药物的副作用。若老年人感觉身体不适时，应立即卧床休息，避免在用药后外出活动。

做好预警工作：进行健康教育，讲解跌倒的相关知识，使老年人了解与跌倒相关的危险因素，积极采取应对措施，提高对跌倒事故的防御能力。

误吸与哽噎

误吸是指进食或饮水时，喉结抬升不协调，吞咽时咽部与气管通道同时开放，导致食物或液体误入气管，其主要表现为在进食的过程中，突发剧烈咳嗽、呼吸困难、面色发紫，严重者可引起窒息，甚至危及生命。误吸是造成高龄老人吸入性肺炎的主要原因之一。

哽噎是指一些团状食物或其他过于干燥的食品，未经充分咀嚼和唾液均匀混合即进入咽部，停留于梨状窝、环状软骨等食管狭窄部位。主要表现为胸闷、胸部有阻塞感、不能说话，无明显发绀、咳嗽及窒息等症状。

原　因

正常吞咽是一个复杂的神经与肌肉协调运动的过程。随着年龄的增长，老年人咽喉部的敏感程度减退，协调功能减弱，吞咽反射降低，容易导致液体和食物的哽噎或误吸，出现吞咽困难。脑血管易梗塞或头部有外伤的患者常会发生类似情况。另外，服用某些药物也会使吞咽反射迟钝，容易导致食物吞咽障碍。

处 理

急救处理食物量少、较轻度的哽噎，可立即让老人适量饮水，使症状缓解，也可按压腹部使胃的内压上升，促使食物逆行，或指导老人摆出弯腰姿势，家人用叩背法，迫使食物排出。紧急的情况下家人可以握拳放于患者的剑突下膈肌位置用力冲击腹部，造成气管内产生强气流，使阻塞气道的异物咳出。此种方法对冠心病和高龄老人禁用。发生误吸时，应立即停止进食，指导老人保持低头姿势，用拍背和刺激咳嗽的方法，协助老人排出异物。一旦发生较为严重的误吸或哽噎，应就地抢救，迅速清除老人咽部的异物，疏通呼吸道。以上方法无效时，应尽快送往医院采取喉镜或纤维支气管镜下取异物。

预 防

注意与其他疾病鉴别和诊断：有些老人的咳嗽反射不明显，或误吸的过程未被他人注意，容易被误诊为心脑血管疾病的急性发作，失去抢救的机会。

治疗原发病及伴随症状：有吞咽困难的老年人，应及早治疗原发病及伴随症状。

食物要求：流质与固体分开，水分多的流质饮食容易引起误吸。因此，有吞咽困难的老人应选择半流食，如蛋羹、粥、菜泥、酸奶等，同时注意食物要温度适宜、色香美味，以促进食欲，引起吞咽反射。

进食体位：老年人进食姿势应以舒适、方便进食为原则。一般采用坐姿或半卧姿势，卧床的老年患者应抬高床头 30 ～ 45 度，进食后不宜立即平躺，应保持坐姿或半卧姿势 30 分钟以上，防止食物反流。

进行相应的功能训练：进行吞咽功能训练，如训练老人做伸舌、吹气等动作，提高吞咽反射的灵敏性。

尽早开始“管喂饮食”：有严重吞咽困难及意识障碍的老年患者，应及早给予“管喂饮食”，避免哽噎和误吸的发生。待病情好转后，逐渐过渡到照料者协助进食或自主进食。要注意观察患者进食的情况。

加强老年患者的进食指导：应提醒老年人进食的速度不能太快，进食时不要与人交谈，以免分散其注意力。家人照顾老人的饮食时，喂饭时态度要和蔼，不急不躁，不要催促老人快速进食。对面部偏瘫的老人，应将食物送至健康的一侧。给有吞咽困难的老人喂饭时，可先用小勺轻压其舌面，刺激舌的感觉和运动神经。每勺的食物量不要太多，速度宜慢，让老人充分咀嚼和吞咽。有意识障碍或气管切开的患者，进食前后半小时不宜吸痰，以免刺激患者引起呕吐，增加误吸的危险。

压　疮

压疮是由于局部组织长期受压迫，血液循环产生障碍，局部组织持续缺血、缺氧、缺乏营养而导致的组织破损和溃烂。老年人的机体组织修复能力差，一旦产生压疮，治疗的难度很大，恢复较慢，严重感染者会引发脓毒症，甚至危及老人的生命。

原　因

引起压疮的原因是综合性的，可概括为外部因素和内部因素两种。外部因素主要指物理因素，内部因素主要为生理因素和患者的营养状态。其中外部因素起着决定性作用。

物理因素：主要的外部因素有压力和摩擦力，通常是两种力联合作用而导致。单位面积承受的压力越大，组织坏死所需要的时间越短。此外，如果皮肤经常受到汗液、尿液、粪便的刺激，表皮角质层的保护作用下降，皮肤容易破损，在潮湿环境下细菌更容易滋生。

营养状况：全身营养不良，肌肉萎缩的老年人，皮下脂肪垫的保护作用弱化，这是引起压疮的内部因素之一。

生理因素：随着年龄的增长，老年人的皮肤变得松弛而干燥，缺乏弹性，皮肤保护功能减弱；而神经末梢反应的灵敏度降低，对压迫造成疼痛的感受性降低，回避反射减弱，活动严重受限和长期卧床的老人，如果得不到护理，就容易产生压疮。

预防和护理

预防压疮的关键在于消除致病的外部因素，保护皮肤，改善全身营养状况。对容易发生压疮的高危患者，认真细致地做好“六勤”，即勤翻身、勤按摩、勤观察、勤擦洗、勤整理、勤更换。仔细检查皮肤受压的情况，每隔两个小时更换一次卧床姿势，在容易受压的骨骼部位，垫软枕以扩大接触面积，降低局部组织的受力压强。加强皮肤的清洁护理，避免潮湿等不良刺激，保持皮肤的干燥清洁。调整饮食结构，增强患者的营养。在不影响病情的情况下，鼓励老人适度活动。

烫　伤

烫伤是由热源（包括火焰、热水、热气等）、电流、化学物质、放射物质等作用于机体而引起的损伤。

原　因

老年人的皮肤神经末梢的敏感性下降，对疼痛刺激的回避反射减弱，感觉相对迟钝，导致其对同一致伤温度的反应较其他年龄阶段的人较为缓慢，因而烫伤的发生率较高，程度严重。在使用热水袋或热水瓶保暖时，操作方法不正确，尤其容易发生烫伤。

处　理

一般烫伤处理：一旦发生烫伤，首先应除去热源，迅速用清洁凉水浸泡或自来水冲淋降温，降低伤害的程度。一般来说，浸泡时间越早，水温越低（不能低于5℃，以免冻伤），效果越好。如果烫伤处的水泡已破溃，则不能浸泡，防止感染。对于烫伤面积较大的患者，应立即剪破衣服，用清洁凉水冲洗或浸泡烫伤处，尽早送医院进行处理，不可穿着被液体浸透的衣服求医。小面积、轻度烫伤的老年人，可在家中处理，用清洁凉水持续冲洗后，水泡未形成前可用酒精纱布加压包扎以防止水泡形成，也可以在清洁创面后，局部涂抹风油精、红花油或植物油等消炎止痛。处理创面时注意不要弄破水泡，较大的水泡可用无菌注射器抽出水泡中的组织液。

眼部烫伤处理：留守老人常会发生被滚烫的油滴、水蒸气、开水等烫伤眼睛的意外事故。烫伤时，应初步判断烫伤的程度，如果眼内摩擦感严重，流泪多，角膜上出现白点，说明角膜已被烫伤，应立即到医院就诊。症状较轻的患者，在烫伤部位涂抹金霉素眼膏或四环素眼膏即可，采取暴露疗法，经三到五天就会渐渐愈合，勿使用污染的纱布敷眼睛，以免引起局部感染。

预　防

老年人在从事家务劳动时，应量力而行，自觉无力完成的或较危险的家务劳动，应由他人帮助完成。即便是想承担部分家务劳动，也应充分考虑安全因素。工作开展前要仔细检查操作用具的安全性能，动作稳健细致，避免慌乱，以免发生危险。

坠 床

肢体瘫痪、意识障碍、躁动或翻身幅度过大的老人，应加设床栏以防坠床，尤其是偏瘫的老年患者，一定要设置床栏，并有专人看护。对于躁动者，向患者或家属说明安全的重要性，并使其同意使用保护带。保护带的松紧应适宜，以免损伤皮肤。老人使用的床垫软硬程度要适中，避免床垫过于松软造成翻身不便和加大坠床的风险。

预 防

加侧板

侧板有一般侧板和移动侧板，移动侧板可根据需要，随时取下或安装在床的两侧。操作完毕后，及时将侧板固定好，保证老人的安全。

经常检查侧板是否稳当。在取下与安装侧板时，动作要轻柔，以免引起老人不适。

图书在版编目（CIP）数据

农村留守老人与儿童安全手册 / 杨秦涛主编. — 太原：山西科学技术出版社，2020.12（2021.6重印）

ISBN 978-7-5377-6070-6

Ⅰ. ①农… Ⅱ. ①杨… Ⅲ. ①老年人—安全教育—手册②儿童—安全教育—手册 Ⅳ. ①X956-62

中国版本图书馆CIP数据核字（2020）第230040号

农村留守老人与儿童安全手册

NONGCUN LIUSHOULAOREN YU ERTONG ANQUAN SHOUCE

出 版 人：阎文凯
主　　编：杨秦涛
图书策划：康玲玲
责任编辑：张春泽
封面设计：力新印业

出版发行：山西出版传媒集团·山西科学技术出版社
地址：太原市建设南路21号　邮编：030012
编辑部电话：0351-4922107
发行部电话：0351-4922121
经　　销：各地新华书店
印　　刷：天津冠豪恒胜业印刷有限公司
网　　址：www.sxkxjscbs.com
微　　信：sxkjcbs

开　　本：890毫米×1240毫米　1/32
印　　张：3.25
字　　数：90千字
版　　次：2020年12月第1版
印　　次：2021年6月天津第2次印刷
印　　数：3001~23000
书　　号：ISBN 978-7-5377-6070-6
定　　价：28.00元

本社常年法律顾问：王葆科